BEI GRIN MACHT SICH IHR WISSEN BEZAHLT

- Wir veröffentlichen Ihre Hausarbeit,
  Bachelor- und Masterarbeit

- Ihr eigenes eBook und Buch -
  weltweit in allen wichtigen Shops

- Verdienen Sie an jedem Verkauf

Jetzt bei www.GRIN.com hochladen
und kostenlos publizieren

Bibliografische Information der Deutschen Nationalbibliothek:

Die Deutsche Bibliothek verzeichnet diese Publikation in der Deutschen National-
bibliografie; detaillierte bibliografische Daten sind im Internet über http://dnb.d-
nb.de/ abrufbar.

Impressum:

Copyright © 2017 GRIN Verlag
Druck und Bindung: Books on Demand GmbH, Norderstedt Germany
ISBN: 9783668803480

Dieses Buch bei GRIN:

https://www.grin.com/document/442127

Dennis Kiel

Sensoren und Aktoren über den Raspberry Pi mit Java erfassen und steuern

GRIN Verlag

Seminararbeit

Sensoren (Temperatur, Drehpoti, Magnet, Taster) und Aktoren (Servo, LED) über den Raspberry Pi mit Java erfassen und steuern

Dennis Kiel

12. Januar 2017

Inhaltsverzeichnis

Abkürzungsverzeichnis

AD-Wandler	Analog-Digital-Wandler
ARM	Advanced RISC Machines
CS	Chip Select
DDR2	Double Data Rate (Arbeitsspeicher)
Dig	von Digit – ein Ziffernschritt
FTP	File Transfer Protocol
FullHD	Full High Definition
GB	Gigabyte
GPIO	General Purpose Input/Output
HDMI	High Definition Multimedia Interface
I2C	Inter-Integrated Circuit
JDK	Java Development Kit
LAN	Local Area Network
LED	Light-Emitting Diode
LSB	Least Significant Bit
MB	Megabyte
MHz	Megahertz
MISO	Master Input, Slave Output
MOSI	Master Output, Slave Input
MSB	Most Significant Bit
NTC	Negative Temperature Coefficient
PT	Platin-Messwiderstand (PT100, PT1000)
PTC	Positive Temperature Coefficient
PWM	Pulsweitenmodulation
RPi	Raspberry Pi
SAR	Successive Approximation Register
SBC	Single Board Computer
SCLK	Serial Clock
SD	Secure Digital (Speicherkarte)
SDRAM	Synchronous Dynamic Random Access Memory
SPI	Serial Peripheral Interface
SPS	Samples per Second
SSH	Secure Shell
sudo	super user do
sysfs	virtuelles Dateisystem des Linux-Kernels
UART	Universal Asynchronous Receiver Transmitter
USB	Universal Serial Bus
VM	Virtuelle Maschine
VPN	Virtual Private Network

Abbildungsverzeichnis

Quelltextverzeichnis

1   Die Einführung

Die ersten Einplatinencomputer (SBC) sind in der Mitte der siebziger produziert worden (vgl. Ortmeyer 2014, S.2). Heute gibt es viele unterschiedliche Modifikationen von verschiedenen Herstellern. Die SBCs haben eine breite Palette an Einsatzmöglichkeiten, angefangen bei den einfachen Steuerungen bis hin zu voll automatisierten Regelsystemen, die in unterschiedlichen Bereichen des Lebens ihre Anwendung finden. Mit dem Einsatz von SBCs werden verschiedene Ziele verfolgt, die auf unterschiedlichen Wegen erreicht werden können. Die Projekte können mit bereits entwickelter Software erstellt oder es können eigene Programme geschrieben werden. Dafür gibt es viele Communitys, die diese Arbeit erleichtern.

Die vorliegende Ausarbeitung befasst sich mit dem Raspberry Pi (RPi). Dabei handelt es sich um einen SBC, der mit einem Betriebssystem aufgerüstet werden muss, damit jegliche Funktionalität vorhanden ist. Der RPi besitzt eine GPIO Schnittstelle, wo zusätzliche Hardwaremodule angeschlossen werden können. Die Module erweitern die Funktionen des RPi und geben ihm die Möglichkeit mit der Außenwelt mittels Sensoren und Aktoren zu interagieren. In erster Linie wurden diese Computer für Studenten, Schüler und Hobbybenutzer entwickelt, um ihnen das Erlernen der Programmiersprachen und der Hardwarearchitektur zu erleichtern (vgl. Ortmeyer 2014, S.2-4). Die meisten veröffentlichten Projekte kommen daher aus dem privaten Bereich. Es existiert aber auch eine Reihe von Entwicklungen, die einen großen Potenzial für den Einsatz in der Industrie haben, z. B. Miniserver, Router, Datenlogger, Messsysteme, Roboter usw.

Gegenüber den anderen SBCs hat der RPi einige grundlegende Vorteile. Er ist kostengünstig und erfüllt somit die Voraussetzung für Einsteiger. Wichtig für Anfänger ist ebenfalls das Vorhandensein vieler Open-Source-Projekte und großer Communitys, die den Einstieg in die Hardwareprogrammierung erleichtern. Der RPi ist mittlerweile mit Quadcore-Prozessor ausgestattet, was seine Leistungsfähigkeit verbessert hat. Ein weiterer Aspekt ist die sofortige Arbeitsbereitschaft nach der Betriebssysteminstallation, die nur wenige Minuten in Anspruch nimmt.

Um nun auf die GPIO Schnittstelle zugreifen zu können besteht eine Auswahl an mehreren Programmiersprachen. In dieser Ausarbeitung wurde die Auswahl auf Java begrenzt. Die Vorzüge von Java sind die große Bibliothek mit vielen Methoden, ihre Plattformunabhängigkeit sowie die gute Strukturierung der Sprache. Daher könnte Java, im Vergleich zu den anderen Programmiersprachen, einfacher in der Anwendung sein. Andererseits ist Java nicht für den unmittelbaren Zugriff auf die Hardwareebene geeignet, was die Programmierung erschweren kann. Ein geeignetes Verfahren zum Programmieren des RPi mit Java zu finden, stellt den Schwerpunkt dieser Arbeit dar.

2 Java auf Raspberry Pi. Addons und weitere Möglichkeiten

Für diese Ausarbeitung wurde ein RPi2 – Modell B verwendet, der auf einem System-on-Chip Broadcom BCM2836 basiert. Der Chip hat einen Prozessor mit vier Kernen je 900 MHz, einen Grafikprozessor mit VideoCore und dem OpenGL Treiber sowie eine FullHD Unterstützung mit 1080 Punkten. Des Weiteren ist auf der Platine ein SDRAM DDR2 Speicher mit 1024 MB angebracht. Der RPi verfügt über einen SD-Kartenslot, vier USB-Ports, einen HDMI-Ausgang, eine LAN-Fast-Ethernet-Buchse und eine Kombinationsbuchse für Audio und Composite Video Ausgänge. Die UART, SPI und I2C Schnittstellen sind ebenfalls vorhanden. Der RPi braucht eine Betriebsspannung von 5 Volt und mindestens 700 mA Strom, anderenfalls könnte das Gerät beim Betrieb mit einer aufwändigen Schaltung abstürzen.

Für die Installation wurde das 2 GB große Raspbian8-Betriebssystem (Jessie) als eine Image-Datei von der Internetseite[1] heruntergeladen und auf die SD-Karte mithilfe des Programms Win32 Disk Image[2] kopiert. Danach wurde die SD-Karte in den Steckplatz des RPi eingeführt und das Gerät gestartet. (Vgl. Raspberry Pi Foundation: Raspbian und Setup o.J., o.S.) Bei dem ersten Start müssen Monitor, Tastatur und Maus an den RPi angeschlossen werden, um die grundlegenden Einstellungen durchzuführen. Ohne tief in die Konfigurierung einzusteigen wurden folgende Einstellungen vorgenommen:

- Dateisystem auf der SD-Karte erweitert, um wieder das volle Speichervolumen von 32 GB nutzen zu können
- SSH, SPI und I2C Schnittstellen frei geschaltet
- grafische Oberfläche dauerhaft eingeschaltet
- Grafikspeicher von 64 MB auf 128 MB geändert
- automatische Anmeldung deaktiviert, um root nutzen zu können
- root-Benutzer aktiviert
- Samba Server für filesharing installiert und eingerichtet
- VPN Server installiert, um den Fernzugriff zu ermöglichen

Wie der letzte Punkt bereits andeutet, kann der Zugriff auf RPi mittels eines VPN Programms über einen anderen Computer aufgebaut werden. Dies hat Vor- und Nachteile: ein Vorteil ist, dass kein Monitor, keine Tastatur und keine Maus angeschlossen werden müssen; ein Nachteil ist der durch die Netzwerkübertragung begrenzte Datentransfer, welcher die Bildqualität und die Reaktionszeit sehr einschränkt. Ein weiterer Nachteil ist die fehlende Möglichkeit die Symbole, wie geschweifte und eckige Klammer, zu übertragen, da die **Alt Gr** Taste für die Steuerung des VPN Programms reserviert ist. Für die Programmierung des RPi sind diese Begrenzungen nicht tolerierbar, daher wurde der direkte Anschluss gewählt.

Da der RPi für Python konzipiert wurde, ist mit dem Raspbian-Betriebssystem eine direkte Programmierung mit dieser Sprache möglich. Um den RPi aber mit Java programmieren zu können, müssen zusätzliche Softwaremodule installiert werden, zuerst das Java Development Kit (JDK). Das Paket beinhaltet neben der Virtuellen Maschine (VM), die notwendig ist, um Java-Programme betriebssystemunabhängig auszuführen, noch einen Debugger und einen Compiler. Die letzten zwei werden gebraucht, um auf dem RPi programmieren zu können. Es kann auch eine vereinfachte Java-Paket Version installiert werden – Java Runtime Environment, die nur die VM beinhaltet und somit nur die Ausführung der Java-Programme auf dem RPi ermöglicht. Es

---

[1]https://www.raspberrypi.org/downloads/
[2]https://sourceforge.net/projects/win32diskimager/

gibt zwei Wege das Java-Paket zu installieren, entweder automatisch per Konsolenbefehl `apt-get install` mit der Voraussetzung eines Internetzuganges oder manuell. Die erste Variante ist die einfachere Lösung. Zuerst wird eine Aktualisierung (update) durchgeführt, dann Java automatisch heruntergeladen und installiert:

```
sudoapt-get update && sudoapt-getinstall oracle-java8-jdk
```

Bei der zweiten Variante muss zuerst das Paket von der Oracle Internetseite[3] herunterladen und mit einem USB-Stick, FTP oder Netzwerk auf RPi übertragen werden.

Danach soll der Inhalt des Archivs ins `opt` Verzeichnis auf dem RPi entpackt werden. Das wird entweder über die Raspbian-Oberfläche mit Hilfe von Xarchiver gemacht oder mit dem folgenden Befehl:

```
sudo tar xvzf jdk-8u101-linux-arm32-vfp-hflt.tar.gz -C /opt
```

Jetzt kann die Installation durchgeführt werden. In der Konsole wird zum `opt` Verzeichnis gewechselt und folgende Befehle werden nacheinander ausgeführt:

```
sudo update-alternatives --install /usr/bin/javacjavac
/opt/jdk1.8.0_101/bin/javac 1
sudo update-alternatives --install /usr/bin/javajava
/opt/jdk1.8.0_101/bin/java 1
```

Nach der erfolgreichen Installation können die Quelldateien im `opt` Verzeichnis gelöscht werden. Mit folgenden Befehlen werden die Konfigurationen für die VM und den Compiler durchgeführt:

```
sudo update-alternatives --configjavac
sudo update-alternatives --configjava
```

Nach der Befehlsausführung erscheinen in der Konsole nacheinander zwei Listen, wo zur Auswahl jeweils zwei Konfigurationsmöglichkeiten stehen. Für den automatischen Modus wird die erste ausgewählt, indem 0 eingegeben und mit **Enter** bestätigt wird. Wenn auf dem RPi eine vorherige Java Version installiert ist, muss manueller Modus mit der Java Version 8 ausgewählt werden. Für `java` und `javac` Konfigurationslisten wurde jeweils die Auswahlnummer 2 eingegeben. Nachdem die Laufzeitumgebung erfolgreich installiert wurde, können die Versionen von dem aktuell installierten Paket mit folgenden Befehlen angezeigt und überprüft werden:

```
java -version und javac -version
```

```
root@raspberrypi:/opt# javac -version
javac 1.8.0_65
root@raspberrypi:/opt# java -version
java version "1.8.0_65"
Java(TM) SE Runtime Environment (build 1.8.0_65-b17)
Java HotSpot(TM) Client VM (build 25.65-b01, mixed mode)
root@raspberrypi:/opt#
```

Abbildung 2.1: Java Version

Für weitere Tests des Compilers sowie für die Ausführung von Programmen wird eine `HalloWelt.java` Datei mit dem Texteditor erstellt und gespeichert. Das kann entweder über die Oberfläche des Betriebssystems oder mit Nano-Texteditor erfolgen. Im letzten Fall wird in der Konsole folgender Befehl eingegeben:

---

[3]http://www.oracle.com/technetwork/java/javase/downloads/jdk8-downloads-2133151.html

```
Nano HelloWelt.java
```

Dadurch wird eine Datei in dem Verzeichnis abgelegt, aus dem der Befehl ausgeführt wurde.

In die Datei werden folgende Zeilen geschrieben, wobei der Klassenname dem Dateinamen entsprechen muss:

```
Class HalloWelt
{
Public static void main(String[] args)
  {
System.out.println("Hallo Welt!");
  }
}
```

Danach soll diese Eingabe gespeichert werden (im Nano-Texteditor mit der Tastenkombination **Strg+O**). Um die Datei zu kompilieren wird folgender Befehl verwendet:

```
javac HalloWelt.java
```

Wenn in der Konsole kein Fehler ausgegeben wird – wurde alles richtig gemacht und eine Datei mit dem gleichen Namen und der Endung `class` wird erzeugt: `HalloWelt.class`

Die erzeugte Datei ist gleichzeitig das Programm, welches per Befehl `java HalloWelt` gestartet werden kann. Nach der erfolgreichen Ausführung sollte in der Konsole `Hallo Welt!` erscheinen. In diesem Fall funktionieren die VM und der Compiler auf dem RPi einwandfrei.

Nachdem Java installiert ist, können Programme erstellt werden, die unter Raspbian-Betriebssystem mit Hilfe von VM ausgeführt werden können. Die Anforderung ist aber externe Hardware über die GPIO Schnittstelle ansprechen zu können. Da die Pins der GPIO Schnittstelle die direkten Abführungen vom ARM-Prozessor sind, müssen die Programme, die auf GPIO zugreifen, einen „nativen ARM-Code" (Kleinert 2014, o.S.) erzeugen. Es sind mehrere Bibliotheken entwickelt worden, die den Zugriff auf Low-Level erleichtern. Die meisten sind in C oder C++ geschrieben, es existiert aber ein Projekt, das diesen Zugriff mit Java erlaubt: „Pi4J – Java I/O Library for the Raspberry Pi"[4]. Das Projekt wurde von Robert Savage (im Folgenden Entwickler genannt) in Zusammenarbeit mit anderen Programmierern geschaffen, die die Wrappers komplett oder einige Teile des Quellcodes geschrieben haben. Die Bibliothek, bestehend aus mehreren Modulen, kann auf der o.g. Internetseite des Projektes als ein Archiv heruntergeladen und auf dem RPi installiert werden. (Vgl. Gludovatz o.J., o.S.) Neben der manuellen Installation kann die Bibliothek auch mit folgendem Konsolenbefehl auf dem RPi installiert werden, was auch von dem Entwickler empfohlen ist:

```
curl -s get.pi4j.com | sudobash
```

Mit diesem Befehl wird ein Bash-Skript heruntergeladen und ausgeführt. Das Skript führt mehrere Schritte durch – es lädt die Dateien herunter, installiert sie und fügt sie den lokalen Bibliotheken hinzu. Bei der manuellen Installation muss eine DEB-Datei[5] mit Hilfe eines USB-Sticks bzw. eines Netzwerkes auf dem RPi gespeichert und über die Konsole mit folgendem Befehl ausgeführt werden:

```
Sudo dpkg -i pi4j-1.1.deb
```

(vgl. Savage: Pi4J Installation o.J., o.S.)

---

[4] http://pi4j.com/

[5] http://get.pi4j.com/download/pi4j-1.1.deb

Um die Arbeitsweise der Bibliothek sowie alle anderen Funktionen testen zu können wurde eine einfache Schaltung auf der Europlatine aufgebaut. Alle GPIO Pins sind auf Streifenraster der Platine aufgeteilt und mit den jeweiligen Sensoren und Aktoren verbunden. Die Platine ist mit dem RPi durch ein 40-adriges Flachbandkabel verbunden. Die Abbildung der Experimentierplatine ist im Anhang A.1 zu finden und die Belegung der GPIO Schnittstelle mit Komponenten kann dem Schaltplan im Anhang A.2 entnommen werden. An dieser Stelle muss erwähnt werden, dass bei RPi verschiedene GPIO Bezeichnungen existieren, die sich abhängig von der Bibliothek unterscheiden. Für diesen und weitere Tests wird die Bezeichnung WiringPi verwendet.

In den installierten Bibliotheken sowie auf der Internetseite des Projektes gibt es eine Reihe von Beispielen (examples), die zum Testen verwenden werden können. Der Entwickler empfiehlt, für den Einblick bzw. die Einarbeitung in die Beispiele, sie mit folgendem Befehl zu kompilieren:

```
/opt/pi4j/examples/build
```

Nach der erfolgreichen Kompilierung können die einzelnen Programme aufgerufen und mittels angebundener Komponenten beobachtet oder auch gesteuert werden. Für den Test der Ein- und Ausgänge wird das Beispiel `TriggerGpioExample` verwendet. Zuerst wird in der Konsole zum Verzeichnis `/opt/pi4j/examples` gewechselt und mit folgendem Befehl das Programm ausgeführt:

```
sudo java -classpath .:classes:/opt/pi4j/lib/'*'TriggerGpioExample
```

Es erscheinen der Name des Programms und eine Textmeldung, dass für den Programmstart der Taster betätigt werden soll. Bei der Betätigung des Tasters wird jedes Mal eine Rückmeldung vom Programm ausgegeben:

```
- ->GPIO TRIGGER CALLBACK RECEIVED
```

Die LEDs reagieren auf den Taster wie folgt: die gelbe LED leuchtet, weil der Ausgang GPIO_04 auf High-Signal geschaltet wird, wenn beim Eingang ein High-Signal anliegt (beim Low-Signal ist das Verhalten umgekehrt). Die rote LED reagiert auf die Zustandsänderung beim Eingang, der Ausgang GPIO_05 wiederholt dabei den aktuellen Zustand (visuell gibt es keinen Unterschied zu der gelben LED). Die grüne LED blinkt in einem Sekundentakt, wenn der Eingang auf High-Signal geschaltet ist. Dies alles zeigt, dass die Bibliothek und die Beschaltung richtig funktionieren.

Jetzt können die Programme mit Java erzeugt und ausgeführt werden. Diese Aufgabe kann enorm erleichtert werden, wenn der Quellcode in einer Programmierumgebung erstellt wird. Es gibt eine große Auswahl an Programmierumgebungen, die Java unterstützen und auch für RPi geeignet sind. Angefangen bei den Texteditoren, die den Quelltext nur erkennen und hervorheben können, bis hin zu den komplexeren Programmen wie NetBeans oder Eclipse, die viele Funktionen beinhalten. Eclipse z. B. erleichtert nicht nur die Quellcodeerstellung, sondern auch die Einbindung der Bibliotheken und die Erstellung der grafischen Oberflächen. Besonders für einen Anfänger ist es vorteilhaft, wenn das Programm bei der Benutzung des Punktoperators einer Klasse die verfügbaren Methoden vorschlägt. Daher fiel die Wahl auf die Java-basierte Programmierumgebung Eclipse, die mit folgendem Konsolenbefehl installiert werden kann:

```
sudoapt-getinstalleclipse
```

2.1 Das Pi4J Projekt

Das Pi4J Projekt stellt benutzerfreundliche, objektorientierte Programmierschnittstellen in einer
Bibliothek bereit und ermöglicht so den Zugriff auf das GPIO Interface des RPi. Die Bibliothek
distanziert den Benutzer von der Hardwareebene und macht es ihm möglich, sich auf die
Programmierung der Anwendung zu konzentrieren. (Vgl. Savage: Index o.J., o.S.) Die Bibliothek
funktioniert als ein Umsetzer zwischen dem Java-Programm und dem Low-Level des RPi. Auf
der Basis der vorhandenen kurzen Programme, die für unterschiedliche Anwendungen geeignet
sind, ist das Erstellen der Programme mühelos möglich. Der Quellcode dieser Bibliothek kann
von der Internetsite github[6] heruntergeladen werden.

Die Ordnerstruktur der Bibliothek ist in bestimmte Verzeichnisse unterteilt: `core`, `device`,
`distribution`, `example`, `gpio-extension` und `native`. Dort befinden sich Dateien, die
in ihrer Funktion der jeweiligen Verzeichnisbezeichnung entsprechen. Beispielsweise in dem
Verzeichnis namens `extension` liegen die nach Herstellertyp sortierten Provider, die eine
Verbindung mit bestimmten Erweiterungsgeräten ermöglichen. Zu solchen Erweiterungsgeräten
zählen beispielsweise die Analog-Digital Wandler (AD-Wandler) MCP3002 von Microchip oder
ADS1015 von Texas Instruments. Mithilfe einer Provider-Auswahlliste können die
angeschlossenen Geräte in der eigenen Anwendung genutzt werden, ohne in die Low-Level
Programmierung einsteigen zu müssen. Ein weiterer Ordner mit der Bezeichnung `device` hat
in seinem Unterverzeichnis namens `component` eine Auswahl an fertigen Programmen für
unterschiedliche Sensoren und Aktoren, z. B. für LCD-Display, Servomotor, LED, Relay,
Temperatur u.a. Damit gibt der Entwickler dem Benutzer eine ganze Reihe an einfachen
Programmen in die Hand, die sofort eingesetzt werden können. Selbst wenn eine Adaptierung an
die eigene Schaltung notwendig ist, kann diese ohne großen Aufwand erfolgen. Der Entwickler
konzentriert sich mit seinen Produkten vor allem auf die Anfänger und erleichtert ihnen damit
den ersten Einstieg in die Hardwareprogrammierung.

Ein Bild[7] auf der Internetseite des Entwicklers zeigt die Struktur der Bibliothek und die
Aufteilung in zwei Plattformen. Innerhalb der nativen Plattform werden die Daten von dem Java-
Programm verarbeitet und an die Bibliothek WiringPi weitergegeben. Diese Bibliothek ist ein
Grundgerüst für das Pi4J Projekt und ermöglicht die Verbindung zum ARM-Code. Zu beachten
ist, dass der Block `libpi4j.so`, der innerhalb der nativen Plattform zu sehen ist, nicht nur auf
WiringPi Bibliothek zugreift, sondern auch auf Liniux sysfs. Die letzte Zugriffsoption wird im
nächsten Kapitel genauer betrachtet.

2.2 Direktzugriff über die Linux-Ebene mit Hilfe von sysfs

Wie bereits erwähnt, gibt es neben der Zugriffsmöglichkeit auf die GPIO Schnittstelle mittels der
Pi4J Bibliothek, noch eine weitere – über das virtuelle Dateisystem von Linux. Dieses ist ein
Bestandteil des Linux-Kernels und dient der Systemverwaltung in Form von Dateien. Die
Dateien haben unterschiedliche Bestimmungen und sind auf gewisse Art und Weise geordnet:
reguläre Dateien, Verzeichnisse, Gerätedateien, Sockets usw.

---

[6]https://github.com/Pi4J/pi4j
[7]http://pi4j.com/dependency.html

In dem Verzeichnis `/sys/class/gpio` befinden sich zwei Dateien `export` und `unexport`, die die GPIO Schnittstelle darstellen. Der Zugriff auf diese Dateien kann nur mit root-Rechten erfolgen, entweder durch die Anmeldung als root-User oder durch die Ausführung des Befehls `sudo` (super user do). Das gilt für alle Systemfiles und dient der Sicherheit, um eine unabsichtliche Löschung der Dateien zu vermeiden. Um nun einen GPIO Pin ansteuern zu können wird in der Konsole folgender Befehl ausgeführt:

```
sudo echo 4 > /sys/class/gpio/export
```

Der Operator `echo` wird bei den Terminal-Befehlen benutzt und gibt die Zeichenketten in die Konsole oder in die Datei aus. In der oberen Befehlszeile wird die Ziffer 4 als ein Beispiel in die Datei `export` geschrieben. Nach der Ausführung erscheint im Verzeichnis `/sys/class/gpio`, zusätzlich zu den existierenden drei Dateien, noch eine weitere – `gpio4`. In dem Ordner `gpio4` liegen mehrere Dateien: `device`, `subsystem`, `active_low`, `direction`, `edge`, `uevent` und `value`, wo die ersten zwei die virtuellen Systemdateien sind und die anderen für die Steuerung des GPIO Pins benutzt werden. Die Pin Nummerierung entspricht dabei der BCM Nummerierung. Als nächstes wird die Richtung festgelegt. In die Datei `direction` wird `out` für den Ausgang geschrieben:

```
sudo echo out > /sys/class/gpio/gpio4/direction
```

Für den Eingang wird `in` statt `out` geschrieben:

```
sudo echo in> /sys/class/gpio/gpio4/direction
```

Nachdem die Ausgangsrichtung festgelegt wurde, kann der Pegel des Pins definiert werden. Dafür wird in die Datei `value` eine 1 geschrieben:

```
sudo echo 1 > /sys/class/gpio/gpio4/value
```

Nur in dieser Reihenfolge wird der Pin mit der Spannung belegt. Würde zuerst `value` statt `direction` eingegeben, würde das Betriebssystem einen Fehler ausgeben, da die Richtung noch nicht bekannt ist. Der Inhalt aller Konfigurationsdateien kann mit einem Texteditor ausgelesen werden, z. B. mit dem Standardeditor Leafpad. Alternativ kann die Datei auch per Konsolenbefehl ausgelesen werden:

```
sudo cat /sys/class/gpio/gpio4/value
```

Der Inhalt sollte den geschriebenen Werten entsprechen, wobei in der `direction` Datei `out` und in der `value` Datei eine 1 stehen sollten. Dieselbe Methode wird verwendet, um auch den als Eingang programmierten Pin auszulesen. Wenn der Pin nicht mehr benutzt wird, muss er deaktiviert (`unexport`) werden:

```
sudo echo 4 > /sys/class/gpio/unexport
```

Wie es sich aus den anderen Dateinamen im Ordner `gpio4` auslesen lässt, können noch die Flanke (`edge`), das Ereignis (`uevent`) und die Zustandsumkehrung (`active_low`) parametriert bzw. ausgelesen werden. Die Dateien werden nach dem o.g. Prinzip beschrieben oder gelesen. (Vgl. Hussam al-Hertani 2012, o.S.) Mit all diesen Befehlen wird ein einfaches Java-Programm erstellt, welches die GPIO Schnittstelle mit Hilfe von `FileWriter` und `sysfs` steuert. Für das Programm wurde GPIO_23 gewählt, da an der Testplatine an dem gleichen Pin eine LED angeschlossen ist.

Der Code des ganzen Beispielprogramms ist im Anhang B.1 zu finden. In den Zeilen 11 und 12 werden zuerst `FileWriter` und die `File` Instanzen angelegt. Die Klassen gehören zu java.io Bibliothek, die in der 1. Zeile bereits importiert wurde. In der 17. Zeile wird der Instanz `verz` der Pfad `/sys/class/gpio/` übergeben und in der Zeile 19 dann der Inhalt in Form einer Liste gespeichert. In der Liste werden nur die Namen der sich dort befindenden Ordner und Dateien gespeichert. Die Länge des Arrays wird in der Zeile 22 bestimmt und in der `if` Anweisung zur Prüfung benutzt. Wenn die Anzahl der Dateien ungleich drei ist, wird die Zahl 23 in die Datei `unexport` geschrieben und GPIO_23 somit deaktiviert. Die Prüfung ist nur dann notwendig, wenn der Pin vorher vom anderen Programm aktiviert wurde. Da in die `export` Datei nicht nochmals die gleiche Zahl geschrieben werden darf, was zu einem Fehler führen würde, wird diese Handlung abgefangen.

In der Zeile 28 werden das Verzeichnis und der Dateiname `export` an die Instanz `ausgabe` der Klasse `FileWriter` übergeben. In der weiteren Zeile wird mit Hilfe der `write` Methode dieser Klasse die Zahl 23 in die Datei `export` geschrieben, um den Pin zu exportieren. Auch hier, wie bei der `if` Anweisung, wird der Schreibblock mit der Methode `.close()` geschlossen, damit die Zeichenkette in der Datei abgespeichert wird. Erst nach dem Speichern wird der neue Ordner mit dem Namen `gpio23` im Verzeichnis `/sys/class/gpio/` angelegt.

Weiter fängt der Schreibblock für die Datei namens `direction` an, wo die Richtung festgelegt wird. Hier wird ebenfalls mit der `close` Methode abgeschlossen. Ab der 35. Zeile fängt die `while` Schleife an, wo sie nur 10 Mal durchläuft. Innerhalb der Schleife befinden sich zwei Schreibblöcke, die in der Datei `value` eine 1 oder eine 0 abspeichern. Zwischen diesen Blöcken ist eine Pause mit Hilfe von der `Thread.sleep` Methode eingebaut, die die LED für eine halbe Sekunde aufleuchten bzw. erlöschen lässt. Somit wird die am GPIO Port 23 angeschlossene LED zehn Mal im 0,5 Sekundentakt aufleuchten. Anschließend wird der ausgelesene Verzeichnisinhalt, zur Prüfung, mit der `for` Schleife und der `println` Methode in der Konsole ausgegeben.

```
pi@raspberrypi:~ $ cd workspace/TestJava/bin
pi@raspberrypi:~/workspace/TestJava/bin $ sudo java FileRW
export
gpio23
gpiochip0
pi@raspberrypi:~/workspace/TestJava/bin $ sudo java FileRW
export
gpiochip0
pi@raspberrypi:~/workspace/TestJava/bin $
```

Abbildung 2.2: Die Ausgabe in der Konsole nach jedem Aufruf

3 Die Sensoren

Die Sensoren sind Messaufnehmer, die die physikalischen Messgrößen in die elektrischen Signale umwandeln und einem Messsystem bereitstellen. Sie können nach ihrem Messverfahren (optisch, induktiv, mechanisch, fluidisch usw.), nach den jeweiligen Messgrößen (Temperatur, Druck, Lichtstärke, Schall, magnetischer Fluss, Gewicht, Drehzahl, Beschleunigung u. ä.) und auch nach dem Ausgangssignal (analog, digital und binär) unterschieden werden. Alternativ können die Sensoren auch in mechanische und nicht mechanische unterteilt werden. Die ersten messen folglich nur mechanische Messgrößen wie Gewicht, Druck, Position usw., die zweiten messen alle nicht mechanischen Größen wie Temperatur, Licht, elektromagnetische Effekte u.a. (Vgl. ITWissen.info: Sensor o.J., o.S.)

Die meisten Messaufnehmer, die heute eingesetzt werden, sind mit einer digitalen Schnittstelle ausgestattet, was ihre Benutzung enorm erleichtert. Bei der Aufnahme analoger Werte werden diese mittels Umsetzer (auch Umformer, Signalwandler, Messumformer, Signalumsetzer genannt) umgewandelt und an das Endgerät bzw. den Empfänger angepasst. Die Funktion des Umsetzers besteht darin das empfangene Signal zu verstärken und in ein Einheitssignal (z. B. 4-20 mA, 0-20 mA und 0-10 V) oder auf einen digitalen Ausgang (z. B. eine serielle Schnittstelle) umzusetzen. Oft bilden der Sensor und der Wandler eine Einheit. (Vgl. Karrasch 2007, S.5-12 und Trier 2011, S.2)

Die Sensoren werden für verschiedene Aufgaben in den unterschiedlichen Bereichen verwendet, z. B. in der Medizin, der Industrie und in nahezu allen elektronischen Geräten. Für diese Ausarbeitung werden sie an dem RPi gebraucht und dienen als „Sinnesorgane" (Karrasch 2007, S.5) für die Steuerung. Benutzt werden Sensoren ohne Umformer, die durch Java-Programmierung ausgelesen werden sollen. Darauf wird in den nächsten zwei Kapiteln genauer eingegangen, wobei im Kapitel 3.1 analoge Sensoren betrachtet werden, die eine bestimmte Problematik darstellen, weil der RPi keine analoge Schnittstelle besitzt. Im Kapitel 3.2 werden dann die digitalen Sensoren aufgegriffen.

3.1 Temperatursensor und Drehpoti über AD-Wandler anschließen

Der RPi besitzt keinen AD-Wandler, was als ein Nachteil angesehen werden kann, da an der Stelle, wo analoge Sensoren angeschlossen werden sollen, unbedingt, ein AD-Wandler zum Einsatz kommen muss. Somit sind einige Erweiterungsplatinen entstanden, die einen oder mehrere AD-Konverter am Bord haben. Alternativ kann auch ein AD-Wandler Baustein benutzt werden. Verbreitet sind Bausteine von Microchip[8] – MCP3002 2-Kanal oder 3008 8-Kanal, mit jeweils 10 Bit Auflösung.

Eine der wichtigen Spezifikationen des AD-Wandlers ist das Vorhandensein einer Kommunikationsschnittstelle, die zur Übertragung von Daten benutzt wird. Für die Art Aufgaben, die auch in dieser Ausarbeitung gestellt sind, werden des Öfteren die Schnittstellen I2C und SPI verwendet, vor allem auf einer Platine oder innerhalb eines Systems. Der ADC Baustein MCP3008, der in dieser Untersuchung zum Einsatz kommt, besitzt eine SPI Schnittstelle. Diese Schnittstelle ist ein Master-Slave-Bussystem, das von Motorola entwickelt

---

wurde. Ist nur ein Slave-Gerät von mehreren möglichen vorhanden, werden minimal vier Leitungen gebraucht:

1) Serial Clock (SCLK) – eine Taktleitung, die die Übertragungsgeschwindigkeit je nach Baustein bis maximal 70 MHz vorgibt;
2) Master Output, Slave Input (MOSI) – eine Datenleitung von Master in Richtung Slave;
3) Master Input, Slave Output (MISO) – eine Datenleitung von Slave in Richtung Master;
4) Chip select (CS) – gibt vor, welcher Slave-Chip kommunizieren soll.

Da die Schieberegister von den beiden Seiten – Master und Slave – benutzt werden, und es zwei Datenleitungen für jede Richtung gibt, erfolgt daher die Übertragung synchron-bidirektional, die Daten werden also gleichzeitig in beide Richtungen geschoben.

Die AD-Wandler werden vom Master konfiguriert, deshalb werden unterschiedliche, bausteinabhängige Parameter übertragen, z. B. die Auflösung, die Verstärkung, die Wortlänge, der Kanal bzw. die Anzahl der Kanäle, die Abtastrate, SPI mode u.a. SPI mode bezeichnet die Art der Übertragung, wo zwischen der fallenden und der steigenden Flanke bei den Daten- und Taktleitungen unterschieden wird. Insgesamt gibt es vier modes, die mit 0, 1, 2 und 3 gekennzeichnet sind. (Vgl. Kugelstadt 2009, o.S.) Bei dem MSCP3008 Baustein wird ein SAR-Verfahren angewendet, wobei die Eingangsspannung mit der Referenzspannung verglichen und die Referenzspannung der Eingangsspannung stufenweise angenähert wird. Die durchlaufenen Stufen (Quantisierungsstufen) ergeben ein Bitmuster. Die Bitreihenfolge hat eine bestimmte Auflösung, die sich je nach Baustein unterscheidet. (Vgl. ITWissen.info: SAR o.J., o.S)

Ein weiterer wichtiger Parameter ist die Abtastrate, die in Samples per Second (SPS) gemessen wird. Wenn die Spannung in die Quantisierungsstufen aufgeteilt wird, dann wird der zeitliche Verlauf in die zeitdiskrete Form durch Sample-and-Hold-Stufe umgewandelt. Nach der Diskretisierung sieht das Signal wie eine Reihe von Punkten aus, an denen die Spannungswerte entsprechend der Quantisierung aufgenommen wurden. Die maximale Abtastrate des MCP3008 Bausteins beträgt 200 kSPS (200.000 SPS) bei der Versorgungsspannung von 5 Volt. Wichtig bei dem Abtastverfahren ist dem Abtasttheorem zu folgen, welches besagt, dass die Abtastrate mindestens das Zweifache von der maximalen Frequenz des Signals betragen soll. Anderenfalls würde das zur Unterabtastung und zum verfälschten Ergebnis führen. (Vgl. Zinke o.J., o.S.)

Da es in dem Datenblatt zum MCP3008 Baustein keine Hinweise für die Außenbeschaltung gibt, wird er direkt am RPi, wie auf dem Schaltplan im Anhang A.2 dargestellt, angeschlossen. Nachdem auch der AD-Wandler mit dem Potentiometer am RPi angeschlossen ist, kann mit der Programmierung begonnen werden.

Wie die command Bytes generiert werden sollen, damit die Kommunikation stattfinden kann, wird in dem 5. Kapitel des o.g. Datenblattes beschrieben. Die Abbildung 3.1 verdeutlicht die Belegung der Konfigurationsbytes vor und nach der Konvertierung: command[0] trägt den Startbit, command[1] trägt die Information für die single-ended Konvertierung und für die Kanalnummer, command[2] trägt nur die dummy Bits.

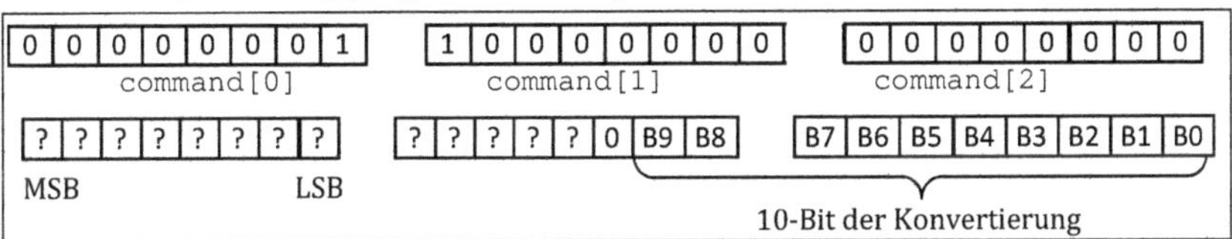

Abbildung 3.1: Command Bytes und das Ergebnis

Der Baustein unterstützt zwei SPI modes – 0 und 3. Die Unterschiede im Zeitdiagramm können ebenfalls dem o.g. Datenblatt entnommen werden. Da mode 0 von der Pi4J Bibliothek standardmäßig unterstützt wird, wurde er auch hier verwendet. (Vgl. Microchip Technology Inc. o.J., S.1)

In dem nächsten Beispielprogramm wird der MCP3008 Baustein mit den einfachen Java Befehlen konfiguriert und ausgelesen. Zuerst wird eine Treiberklasse für den Baustein angelegt, wo die variablen Parameter festgelegt werden. Der Quelltext der Klasse befindet sich im Anhang B.2. In der Zeile 2 wird nur ein Teil der Pi4J Bibliothek importiert, da im Programm nur die SPI Kommunikation verwendet wird. Ab der 10. Zeile werden die ersten Parameter definiert und angelegt. So wird CS0 und der Takt von 1 MHz gewählt. Der Konstruktor wird mit den Parametern cs und clock geladen, wodurch bei der Erzeugung der Instanz die Werte von dem Anwender übermittelt werden. Falls ein Fehler auftritt, wird hier, wie auch bei den anderen Methoden, die Zahl -1 zurückgemeldet, die durch die if Anweisung abgefangen und durch den println Befehl auf der Konsole ausgegeben wird. Die Methode readChannel in der 36. Zeile übernimmt die Generierung des Konfigurationsbytes und die Bearbeitung von dem Ergebnis. Eingehender Parameter ist der gewählte Kanal, der beim Aufruf übermittelt wird. In der Zeile 40 wird der command[0] Byte mit einem Startbit erzeugt. Bei dem zweiten Byte wird das unterste Nibble aus der Summe der Zahl 8 und dem übergebenen Kanal erzeugt und um vier Positionen nach links verschoben. Das letzte Byte übergibt nur die Dummy-Positionen, um die Verschiebung vom Ergebnis aus dem Schieberegister zu erzwingen. In der Zeile 43 werden mittels des erzeugten Spi Objektes die Parameter CS, command Array und die Länge des Array übermittelt. Nachdem die Daten zum MCP3008 Baustein geschickt wurden, soll das Wandlungsergebnis sich in den command Bytes [1] und [2] vorfinden. So wird in den Zeilen 44 und 45 die Manipulation mit den Bytes durchgeführt, um alle Bits in einer Variablen zusammenzufassen. In der Zeile 46 werden die Bytes vereint und der Variablen value zugewiesen. Folgende Abbildung verdeutlicht die Manipulation.

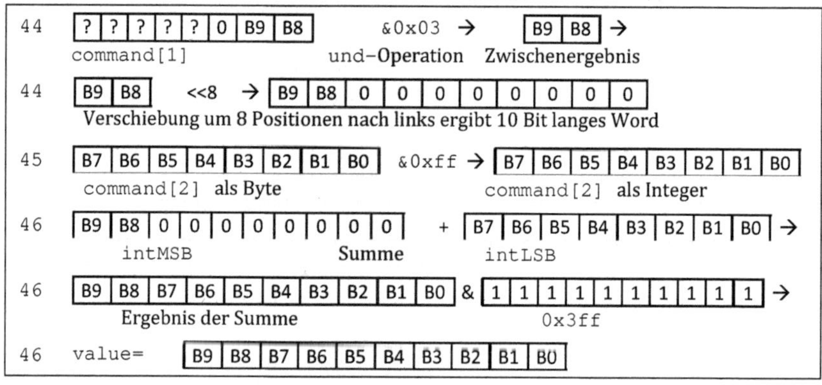

Abbildung 3.2: Manipulation mit den Bytes in den Zeilen 44, 45 und 46

Die Methode readChannelInVolt in der Zeile 51 gibt den berechneten Wert in Volt zurück. In der Zeile 52 wird die bereits beschriebene Methode readChannel aufgerufen und der zurück gelieferte Konvertierungswert wird in der weiteren Zeile umgerechnet. Die Zahl 5.0 ist die Referenzspannung und 1024.0 die Anzahl der Stufen für die 10 Bit Auflösung.

Die Spannung an dem Potentiometer kann mit Hilfe der Treiberklasse und des einfachen Testprogramms „Poti", welches im Anhang B.3 zu finden ist, ausgelesen werden. In der Zeile 10 wird die Instanz der Treiberklasse erzeugt und die Standardparameter werden übergeben. Innerhalb der unendlichen `While` Schleife werden die umgesetzten Analogwerte im Sekundentakt ausgelesen und in der Konsole mit der `printf` Methode ausgegeben. In der Zeile 15 werden die von dem ADC zurück gelieferten Werte bei dem zweiten Platzhalter ohne Änderungen ausgegeben, bei dem ersten wird der gleiche Wert umgerechnet und als Widerstand dargestellt. Auf der folgenden Abbildung ist zu sehen, was das Programm ausgibt.

```
0,81 kOhm          Digits: 83
0,81 kOhm          Digits: 83
0,81 kOhm          Digits: 83
0,81 kOhm          Digits: 83
1,39 kOhm          Digits: 142
1,39 kOhm          Digits: 142
2,16 kOhm          Digits: 221
2,20 kOhm          Digits: 225
2,75 kOhm          Digits: 282
2,75 kOhm          Digits: 282
2,75 kOhm          Digits: 282
2,75 kOhm          Digits: 282
```

Abbildung 3.3: Konsolenausgabe des Programms „Poti"

Der nächste Sensor, der über den AD-Wandler angeschlossen wird, ist der Temperatursensor, von dem es unterschiedliche Arten existieren: PT100, PTC, NTC, Bimetall, Pyrometer, Halbleiter usw. In dieser Ausarbeitung wird ein Positive Temperature Coefficient (PTC) des Typs KTY81/222 verwendet, weil seine Präzision für die meisten Anwendungen ausreicht, er recht günstig und leicht zu beschaffen ist. 2 kΩ ist der typische Wert des Widerstandes, bei der Temperatur von 25°C und dem Strom von 1 mA. Der Temperaturbereich liegt zwischen -55°C und +150°C. Der Sensor hat kein lineares Verhalten, das bedeutet, die Widerstandsänderung ist der Temperaturänderung unproportional. Damit der gemessene Wert korrekt dargestellt wird, muss das Signal vom Temperaturfühler erst linearisiert werden. Eine einfache Möglichkeit dafür ist einen Vorwiderstand zuzuschalten, der mit dem PTC den Spannungsteiler bildet. Das Ausgangssignal ist die abgegriffene Spannung vom PTC, die der Temperatur annähernd proportional ist.

In dem Datenblatt zum Temperatursensor ist bei den Temperaturen über 100°C ein maximaler Arbeitsstrom von 1 mA empfohlen, damit der Temperaturfehler möglichst gering gehalten wird. Mit der Betriebsspannung von 5 Volt, dem Temperaturwiderstand von 2 kΩ und dem Arbeitspunkt von 25°C, ergibt sich folgender Wert für den Vorwiderstand:

$$R_v = \frac{U}{I} - R_{PTC\ 25°C}$$

$$R_v = \frac{5V}{1mA} - 2k\Omega = 3k\Omega$$

Bei der Temperatur von 150°C sollte der Strom $I = \frac{U}{R_{PTC}+R_v} = \frac{5V}{4,3k\Omega+3k\Omega} = 0,68\ mA$ sein und bei der Temperatur von -50°C sollte er 1,25 mA betragen. Der Strombereich befindet sich somit in dem empfohlenen Rahmen. (Vgl. NXP B.V. o.J., S.10) Die Beschaltung des Temperatursensors mit dem Vorwiderstand kann dem Schaltplan im Anhang A.2 entnommen werden.

Für den linearen Verlauf werden drei Messpunkte – 20°C, 50°C und 80°C – zur Berechnung gewählt. Als ein Referenzmessgerät wird das Multimeter FLUKE 179 mit einem Drahtsensor verwendet. Es muss beachtet werden, dass die Temperaturzeitkonstanten sich zwischen diesem Drahtsensor und dem im Versuch verwendeten Temperatursensor stark unterscheiden, da der

Drahtsensor im Vergleich zu dem SOD70 Gehäuse des Temperatursensors schnell aufgewärmt und abgekühlt wird. Um dies auszugleichen werden beide Sensoren eine bestimmte Zeit in einem Luftstrom positioniert. Laut Datenblatt des Temperatursensors beträgt die thermale Zeitkonstante τ_{th}, in der stillen Luft, 30 Sekunden, wobei nur 63 Prozent des endgültigen Wertes erreicht werden. Im verwirbelten Luftstrom erfolgt die Aufwärmung viel schneller, daher wurde der Temperatursensor so lange beeinflusst, bis der Wert sich nicht mehr geändert hat.

Für den Versuch wird eine neue Klasse namens „Temperatur" angelegt, der Quellcode dazu ist im Anhang B.4 zu finden. Der Inhalt wird aus der Klasse „Poti" mit wenigen Änderungen übernommen und zwar, ab der 12. Zeile werden die ausgelesenen Digitalwerte in die Spannung umgerechnet und mit der `printf` Methode ausgegeben. Zum Vergleich sind alle Werte in dieser Methode nebeneinander dargestellt und können für die Auswertung benutzt werden. In der folgenden Tabelle sind die drei Messpunkte mit den vom ADC aufgenommenen Spannungen und den Digitwerten dargestellt.

Temperatur	20°C	50°C	80°C
Digit	346	384	418
Spannung	1,69	1,875	2,0459

Tabelle 3.1: Drei Messpunkte

Die Differenz zwischen den drei Temperaturwerten ist linear und beträgt 30°C. Bei den aufgenommenen Werten sind die Differenzen ungleich, unterscheiden sich aber nur sehr gering. (Vgl. Höfer 2016, S.173-181) Die Abweichung beträgt 0,0141 Volt und ist im Verhältnis zu den ADC Toleranzen zu vernachlässigen. Die aufgenommenen Werte stellen einen linearen Verlauf dar und sind in der Abbildung 3.4 zu sehen.

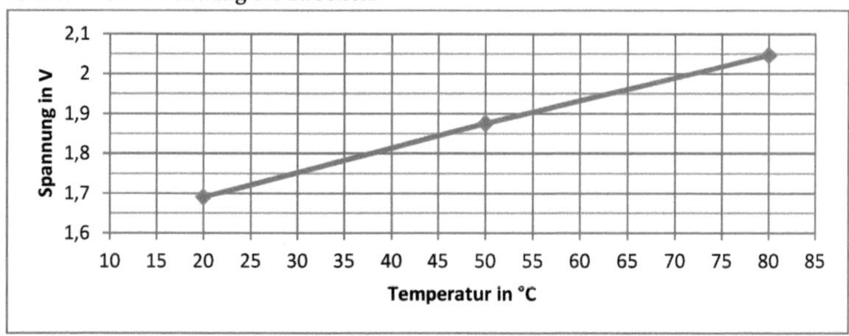

Abbildung 3.4: Linearer Verlauf von drei Messpunkten

Für die weiteren Berechnungen werden der minimale und der maximale Werte genommen – 1,69 Volt und 2,0459 Volt.

$$\Delta U = 2,0459V - 1,69V = 0,3559V; \quad \Delta t = 60°C$$

Die Steigung m wird berechnet:

$$m = \frac{\Delta U}{\Delta t} = \frac{0,3559V}{60°C} = 5,932mV/°C \quad oder \quad m = \frac{\Delta Dig}{\Delta t} = \frac{418 - 346}{60°C} = 1,2Dig/°C$$

Die Temperaturänderung von 1°C bewirkt die Änderungen von 1,2 Digit und von 5,932 mV. Anhand bereits bekannter Messwerte von 20°C und 80°C wird der Umrechnungsfaktor bestimmt:

$$t_{20} = \frac{U_{20}}{m} = \frac{1,69V}{5,932mV/°C} = 284,9{\sim}285°C \quad und \quad t_{80} = \frac{U_{80}}{m} = \frac{2,0459V}{5,932mV/°C} = 344,9{\sim}345°C$$

Der Faktor wird berechnet:

$$k = 285°C - 20°C = 265°C \quad und \quad k = 345°C - 80°C = 265°C$$

Die Formel wird anhand der Berechnungen erstellt:

$$t = \frac{U_t}{5,932mV/°C} - 265°C$$

Zur Prüfung werden noch zwei Messwerte von 1,625 Volt bei 10°C und 1,57 Volt bei 0°C aufgenommen:

$$t = \frac{1,625V}{5,932mV/°C} - 265°C = 274°C - 265°C = 9°C$$

$$t = \frac{1,57V}{5,932mV/°C} - 265°C = 265°C - 265°C = 0°C$$

Die Abweichung des ersten Wertes wird in der Ablesung vermutet, da die Temperatur bei der Abkühlung des Sensors nicht konstant gehalten werden konnte.

Das Programm wird um eine Zeile erweitert, wo die Formel eingegeben und die `printf` Methode mit einer weiteren Variable vervollständigt wird.

```
14  double t = (u/0.005932)-265;
15  System.out.printf("Temperatur: %1$4.2f °C %2$s digits %3$4.4f V %n", t,
    dig, u);
```

Quelltext 3.1: Auszug aus dem Testprogramm „Temperatur"

Auf der Abbildung 3.5 ist zu sehen, dass eine Änderung von 1 Digit eine proportionale Änderung von 0,81°C bewirkt, was mit der Steigung übereinstimmt:

$$t = \frac{1}{m} = \frac{1}{1,2Dig/°C} = 0,833°C/Dig$$

```
Temperatur: 20,11 °C    346 digits    1,6895 V
Temperatur: 20,11 °C    346 digits    1,6895 V
Temperatur: 20,11 °C    346 digits    1,6895 V
Temperatur: 20,11 °C    346 digits    1,6895 V
Temperatur: 20,92 °C    347 digits    1,6943 V
Temperatur: 20,92 °C    347 digits    1,6943 V
Temperatur: 20,92 °C    347 digits    1,6943 V
Temperatur: 20,11 °C    346 digits    1,6895 V
Temperatur: 20,92 °C    347 digits    1,6943 V
Temperatur: 20,92 °C    347 digits    1,6943 V
Temperatur: 20,92 °C    347 digits    1,6943 V
```

Abbildung 3.5: Temperaturmessergebnis

3.2 Magnet und Taster

Zwei weitere digitale Sensoren (der Taster und der Magnetsensor) werden am RPi angeschlossen und können ohne Umsetzung direkt verwendet werden. Im ersten Teil dieses Kapitels wird der Taster und im zweiten Teil der Magnetsensor betrachtet.

Aus dem Schaltplan, der sich im Anhang A.2 befindet, ist ersichtlich, dass die eine Seite des Tasters über einen Widerstand von 1 kΩ an dem RPi Pin GPIO_0 und die andere Seite an der Masse angeschlossen ist. Der Pullup-Widerstand in dem BCM Chip beträgt 50 bis 65 kΩ und bildet mit dem Vorwiderstand einen Spannungsteiler. Dieser Aufbau hat folgende Vorteile: es kann die sichere, interne Spannung genutzt werden; es kann der Anschluss an die zu hohe Spannung vermieden werden, denn die Eingänge des RPi für maximal 3,3 Volt spezifiziert sind; wenn der Pin als ein Ausgang programmiert ist, kann der Vorwiderstand als ein Strombegrenzer nützen und gegen einen Kurzschluss schützen. Solange der Taster nicht betätigt wird, liegt am Eingang die Spannung von 3,3 Volt, nach der Betätigung liegt sie bei ca. 0 Volt. Daraus folgt, dass das Programm auf ein Low-Signal reagieren muss. (Vgl. Höfer 2016, S.123)

Mit dem Programm „Taster", das anhand von ListenGpioExample aus der Pi4J Bibliothek aufgebaut wurde und im Anhang B.5 zu finden ist, wird der Eingang ausgelesen und der Zustand auf der Konsole ausgegeben. In das Programm wird ein Listener implementiert, der den Eingang überwacht und den aktuellen Zustand zurückmeldet. Dann wird eine weitere Funktion verwendet, die auf die Zustandsänderung reagiert. In der Zeile 19 wird eine neue Instanz erzeugt und `gpio` benannt. In der Zeile 22 wird GPIO_07 als Eingang-Pin festgelegt, mit dem Pullup-Widerstand konfiguriert, und an das Objekt `myButton` übergeben. Danach muss der Pin überwacht werden, was ab der 28. Zeile mittels Listener realisiert wird. Zuerst wird die Überwachung für das Objekt `myButton` zugeschaltet, dann mit der `StateChangeEvent`-Methode die Zustandsänderung abgefangen und mit der `println`-Funktion auf der Konsole ausgegeben.

```
19    final GpioController gpio = GpioFactory.getInstance();
...
22    final GpioPinDigitalInput myButton =
      gpio.provisionDigitalInputPin(RaspiPin.GPIO_07,
      PinPullResistance.PULL_UP);
...
25    myButton.setShutdownOptions(true);
...
28    myButton.addListener(new GpioPinListenerDigital() {
29      @Override
30        public void
      handleGpioPinDigitalStateChangeEvent(GpioPinDigitalStateChangeEvent
...   event) {
32        System.out.println(" --> GPIO PIN STATE CHANGE: " + event.getPin()
...   + " = " + event.getState());
33          }
34        });
```

Quelltext 3.2: Auszug aus dem Programm „Taster"

Weiter folgt die Auseinandersetzung mit dem Magnetsensor, von dem es mehrere Typen gibt: Näherungs-, Hall-, Zylinder-, Winkel- und andere Sensoren. Das Funktionsprinzip ist jedoch bei allen gleich – der Sensor wird durch das magnetische Feld beeinflusst und die dabei geänderten Ruhestandparameter fungieren als Ausgangswerte. (Vgl. Baumer GmbH o.J., o.S.)

Für diese Untersuchung wurde ein Hall-Sensor der Firma Allegro Microsystems des Typs A1120EUA-T verwendet. Es handelt sich um einen magnetischen Schalter, der auf Südpol des Permanentmagnetes reagiert und die Spannung beim Ausgang ausschaltet. Sobald das Magnetfeld nicht mehr detektiert wird, wird die Spannung wieder zum Ausgang geführt. Gegen die unerwünschten mechanischen oder elektromagnetischen Einflüsse ist die Funktionsweise des Sensors durch die Hysterese abgesichert. Die Abbildung 3.6 zeigt die Hysterese, wo B_{OP} der

Einschalt- und B_{RP} der Ausschaltpunkt sind. Sobald die Magnetfeldstärke den B_{OP} -Wert überschreitet wird der Ausgang auf Low umgeschaltet (Switch to Low), bei der Unterschreitung des B_{RP}-Wertes wird der Ausgang auf High zurückgeschaltet (Switch to High). Somit ist das sichere und stabile Ein- bzw. Ausschalten gewährleistet.

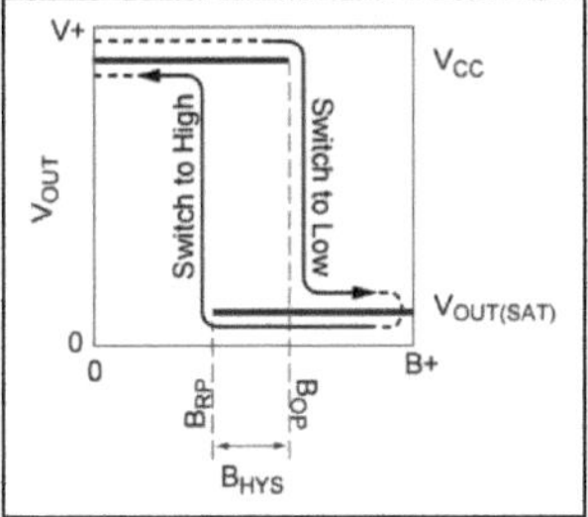

Abbildung 3.6: Hysterese des Hall-Sensors A1120[9]

Der Schaltplan zur Beschaltung, die im Folgenden beschrieben wird, befindet sich im Anhang A.2. Die Leitung V_S wird an die Spannung von 3,3 Volt am Pin 1 angeschlossen, die GND Leitung am Pin 6 und der Ausgang an GPIO_07. Der Lastwiderstand R_L beträgt, wie bei dem Taster, 1 kΩ. In dem Datenblatt wird empfohlen den Sensor mit dem externen Bypass-Kondensator zu beschalten, um die externen Störsignale zu dämpfen. (Vgl. Allegro MicroSystems, LLC o.J., S.12)

Der Programmaufbau ist mit dem des Tasters identisch, jedoch wird anstatt des Pullup-Widerstandes ein Pulldown-Widerstand eingeschaltet. Die Programmlogik, also die Reaktion auf ein Low-Signal, bleibt bei dem Magnetsensor auch erhalten, weswegen keine Programmänderung notwendig ist. Der Quelltext des ganzen Beispielprogramms ist im Anhang B.6 zu finden.

```
19   final GpioController gpio = GpioFactory.getInstance();
...
22   final GpioPinDigitalInput myButton =
     gpio.provisionDigitalInputPin(RaspiPin.GPIO_07,
     PinPullResistance.PULL_DOWN);
```

Quelltext 3.3: Auszug aus dem Programm „Magnetschalter"

---

[9] Quelle: Datenblatt A1120, S.12

4 Die Aktoren

Die Aktoren wandeln, im Gegensatz zu den Sensoren, die Signale in physikalische Größen um, deswegen werden sie auch Signalwandler genannt. Ein Aktor (z. B. eine LED) wandelt ein elektrisches Signal (Strom) in eine andere Energieform (Licht) um. Es gibt Aktoren mit elektromagnetischen, induktiven, optoelektronischen, elektrostatischen und anderen Umwandlungsverfahren. (Vgl. ITWissen.info: Aktor o.J., o.S.)
In den nächsten zwei Kapiteln werden die LED – ein optoelektronischer Aktor und der Servomotor – ein elektromechanischer Aktor betrachtet.

4.1 Die LED

Die LED ist ein optisches Halbleiterbauelement, das aus dem zugeführten Strom Lichtenergie erzeugt. Die Leuchtdiode, wie auch die übliche Diode, besteht aus zwei Schichten p und n. Sie hat zwei Anschlüsse mit den Bezeichnungen Anode (+) und Kathode (-) und wird in die Durchlassrichtung betrieben. Es gibt verschiedene Lichtdioden, die sich in der Größe, der Bauform, der Lichtstärke, der Farbe bzw. dem Lichtspektrum und der Anschlussspannung unterscheiden. Die LED ist sehr empfindlich gegenüber dem hohen Durchlassstrom und muss deswegen mit einem Vorwiderstand betrieben werden. Für die Bestimmung des Widerstandes (R_V) werden folgende Parameter benötigt: Betriebsspannung (U_B), Durchlassspannung (U_{LED}) und einzustellender Strom (I_{LED}). Die zwei letzten Parameter können dem Datenblatt zur LED entnommen werden und betragen in diesem Fall I_{LED} = 6,3mA und U_{LED} = 1,9V. Der Widerstand wird dann anhand der Formel 4.1, die aus dem Ohm'schen Gesetz folgt, bestimmt und beträgt 220Ω.

$$R_V = \frac{U_B - U_{LED}}{I_{LED}} \tag{4.1}$$

(Vgl. Elektronik-Kompendium.de o.J., o.S.)
Auf dem Schaltplan im Anhang A.2 ist die Beschaltung zu sehen, wo die Kathode der LED an die Masse angeschlossen ist, die Anode mit dem Vorwiderstand verbunden ist und die andere Seite des Widerstandes an den Ausgangsport GPIO_04 des RPi gebunden ist.
Das einfache Programm „LED" ist auf der Basis vom Beispielprogramm `BlinkGpioExample` aus der Pi4J Bibliothek aufgebaut und ist im Anhang B.7 zu finden. In der Zeile 19 wird zuerst der `gpio` Kontroller mittels `getInstance` Methode angelegt. In der 22. Zeile wird der GPIO_04 Port als digitaler Ausgang gewählt und `led` benannt. Die 25. Zeile ruft die blink-Methode für die `led` Instanz auf, dort werden die Zeitparameter übergeben – 500ms für die Länge des Impulses und 10000ms für seine Dauer. Das Programm läuft so lange, bis der Benutzer den Prozess mit der Tastenkombination **Strg+C** unterbricht.

4.2 Der Servomotor

Ein Servomotor ist ein Elektromotor, der mit einer Positions- und einer Antriebseinheit ausgestattet ist und durch die externen Signale gesteuert werden kann. Der Unterschied zu den anderen Motoren ist die in beide Richtungen bewegliche Antriebswelle, die in einem begrenzten Drehwinkel positioniert werden kann. Bei den meisten Modellbauservos besteht die Positionsbestimmungseinheit aus einem Potentiometer, der an die Welle des Antriebes gebunden ist und den ist-Wert an die Steuerung zurückgibt. Die Servomotoreinheit hat drei Anschlussleitungen: zwei für die Spannungsversorgung und eine für das Steuersignal. Für die Steuerung des Drehwinkels wird ein bestimmtes Signal gebraucht – Pulsweitenmodulation (PWM). Es ist ein periodisches, rechteckiges Signal, wo die Tastverhältnisse bei der konstanten Frequenz variabel verändert werden können. Die Einschalt- und die Ausschaltzeiten t_{ein} und t_{aus} bilden die Impulse im Signal, die Addition der beiden ergibt die Zeitperiode der Frequenz T. Das Verhältnis zwischen der Einschaltzeit und der Periode wird als Tastgrad p bezeichnet. Das PWM Signal wird beispielsweise in der Messtechnik, der Energietechnik der Steuer- und der Motorsteuertechnik verwendet.

Bei den Servomotoren ist die Pulslänge des Steuersignals der wichtigste Parameter. Abhängig von der Pulsbreite wird die Winkelposition der Motorachse verändert. Die meisten Modellbauservos haben eine Trägerfrequenz von 50 Hertz, mit der Pulsbreite von einer Millisekunde bei der minimalen, und bis zu zwei Millisekunden bei der maximalen Position. Die Abbildung 4.1 verdeutlicht an einer beispielhaften Pulsweitenmodulation die Abhängigkeit der Position von der Pulslänge.

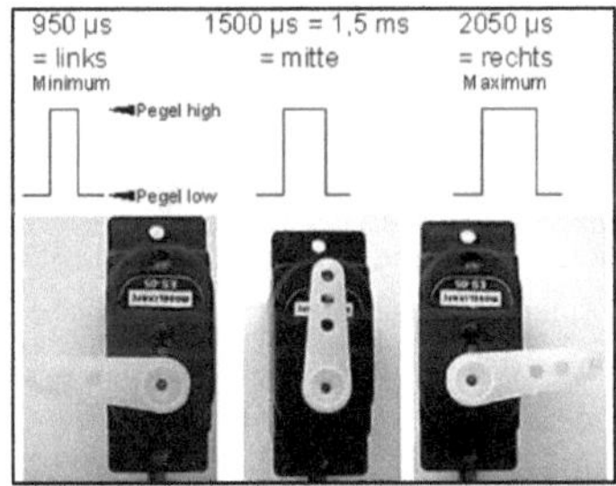

Abbildung 4.1: Der Drehwinkel in Abhängigkeit von der Pulsbreite[10]

Für diese Ausarbeitung wurde ein Modellbauservo SG90 verwendet. Laut Datenblatt hat der Motor eine Betriebsspannung von 4,8 Volt, der Arbeitszyklusbereich liegt bei einer bis zwei Millisekunden für die volle Fahrt von 0° bis 180°. (Vgl. o.A.: Datenblatt SG90 Servomotor o.J., S.1-2) Da der RPi aber nur 3,3 Volt am GPIO ausgibt, ist das für die Motorregelung zu niedrig und die Spannung muss deswegen angehoben werden. Dafür können unterschiedliche externe Schaltungen genutzt werden: die Treiberstufe, der Operationsverstärker, der Optokoppler oder die Leistungstransistoren. Für diesen Versuch wurde ein AD817 Operationsverstärker gewählt, der wegen der hohen Geschwindigkeit, der Eignung für Einzelspannungsbetrieb ab 5 Volt und des niedrigen Stromverbrauchs, in die Schaltung am besten integriert werden kann.

Die Ausgangsspannung muss ca. 5 Volt betragen, die notwendige Verstärkung wird anhand des Spannungsverhältnisses ermittelt:

---

[10] Quelle: http://rn-wissen.de/wiki/images/3/30/Servo_pwm_2.jpg

$$\frac{U_a}{U_e} = \frac{5V}{3,3V} = 1,52V$$

Um den Wert von 5 Volt zu erreichen, wird der Baustein als nichtinvertierender Verstärker beschaltet. Anhand der Formel 4.2 werden die Widerstände dimensioniert.

$$U_a = U_e * \left(1 + \frac{R_2}{R_1}\right) \tag{4.2}$$

$$1 + \frac{R_2}{R_1} = 1,5V \rightarrow \frac{R_2}{R_1} = 0,51V$$

Für R_1 wird 10 kΩ festgelegt und für R_2 wird der Wert von 5,1 kΩ berechnet. Der Schaltplan für den kompletten Aufbau ist im Anhang A.2 zu finden.

Um das PWM Signal am RPi erzeugen zu können, wird ein Programm gebraucht, das den Hardwaregenerator aktiviert und steuert. Anhand des etwas veränderten Beispielprogramms PwmExample aus der Pi4J Bibliothek, wurde eine einfache Anwendung für den Versuch erstellt, welche im Anhang B.8 zu finden ist. In der Zeile 25 wird der Controller geladen, um die GPIO Schnittstelle ansprechen zu können. In der Zeile 32 wird das Objekt pwm erzeugt, wo der GPIO_01 Pin als PWM Ausgang konfiguriert wird. In den nächsten drei Zeilen 36 bis 38 wird die Hauptkonfiguration für den Hardwaregenerator durchgeführt. Es wird ein PWM Mode namens mark:space gewählt, der Bereich von 1000 als die maximale Auflösung geladen und der Divisor für die Frequenz festgelegt. Die Auflösung bestimmt in welchem Bereich das PWM Signal generiert wird. Wenn z. B. 100 geladen ist, dann wird am Ausgang im kHz-Bereich gemessen, bei 1000 wird die Frequenz am Ausgang bis 1000 Hz messbar sein. Der Divisor bestimmt die endgültige Frequenz. Mit der Basisfrequenz von 19,2 MHz des RPi PWM kann die Ausgangsfrequenz wie folgt berechnet werden: $f_a = \frac{19200kHz}{1000*400} = 48Hz$. Nachdem die Trägerfrequenz erzeugt ist, wird in der Zeile 41 das PWM Signal mit einem Parameter von 100 erzeugt. Die Zahl 100 ist ein weiterer Divisor für die Pulslänge und wird mit der Frequenz verrechnet: $t_{ein} = \frac{1}{48Hz} * 100 = 2,08ms$. Der Wert bringt die Achse des Servomotors in die maximale rechte Position – 180°. Für die Erzeugung der mittleren und der minimalen Positionen werden folgende Parameter nacheinander in die setPWM Methode geladen: $t_m = 1,5ms \rightarrow 1,5 * 48 = 72\sim75$; $t_0 = 1ms \rightarrow 1 * 48 = 48\sim50$. Die Abbildung 4.2 zeigt die PWM Signale für die drei Positionen an einem Oszilloskop. (Vgl. mikrocontroller.net o.J., o.S.)

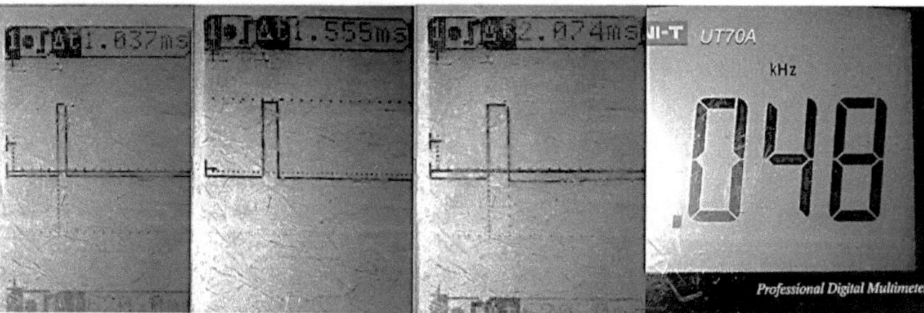

Abbildung 4.2: Die PWM Signale für drei Positionen des Servomotors

5   Das Fazit

Die vorliegende Untersuchung zeigt, dass der RPi nicht nur mit dem onboard verfügbaren Python, sondern auch mit Java – einer alternativen Sprache erfolgreich programmiert werden kann. Das Schreiben von Programmen wird durch die Benutzung der Pi4J Bibliothek sehr erleichtert. Die Bibliothek stellt dem Benutzer ein umfangreiches Paket zur Verfügung, das viele Funktionen enthält, z. B. die Kontrolle über die GPIO Schnittstelle, Verbindung über die I2C, SPI und UART Schnittstellen, Steuerung externer Hardwarekomponenten mittels bereitgestellter Treiberklassen und vieles mehr. Außerdem sind dort einige Zugriffsmöglichkeiten auf das Betriebssystem und das Netzwerk gegeben, um beispielsweise die Kommunikation über das Internet mit der Außenwelt zu ermöglichen. Der Zugriff auf Low-Level geschieht über die native WiringPi Bibliothek, die über die Umhüllungsklassen der Pi4J Bibliothek erreichbar ist.

Sowohl Experten als auch Laien können somit den RPi mit Java programmieren, steuern und im Alltag sinnvoll einsetzen.

Literaturverzeichnis

Allegro MicroSystems, LLC: Chopper Stabilized Precision Hall Effect Switches. Datenblatt A1120.
URL: http://docs-europe.electrocomponents.com/webdocs/0d88/0900766b80d8805b.pdf
[Aufgerufen am: 04.01.2017]
Baumer GmbH: Funktionsweise und Aufbau von Magnetsensoren.
URL: http://www.baumer.com/de-de/services/anwenderwissen/magnetsensoren/
funktionsweise/
[Aufgerufen am: 04.01.2017]
Elektronik-Kompendium.de: LED - Leuchtdioden.
URL: http://www.elektronik-kompendium.de/sites/bau/0201111.htm
[Aufgerufen am: 04.01.2017]
Gludovatz, Robert: Java 8 auf dem Raspberry Pi installieren und testen.
URL: http://www.gridtec.at/java-8-auf-dem-raspberry-pi-installieren-und-testen/
[Aufgerufen am: 04.01.2017]
Höfer, Wolfgang: Raspberry Pi programmieren mit Java. mitp, 2016. ISBN: 978-3-95845-055-4.
Hussam al-Hertani (2012): Introduction to accessing the Raspberry Pi's GPIO in C++ (sysfs).
URL: http://www.hertaville.com/introduction-to-accessing-the-raspberry-pis-gpio-in-c.html
[Aufgerufen am: 04.01.2017]
ITWissen.info: Aktor.
URL: http://www.itwissen.info/definition/lexikon/Aktor-actuator.html
[Aufgerufen am: 04.01.2017]
ITWissen.info: SAR.
URL: http://www.itwissen.info/definition/lexikon/successive-approximation-register-SAR-
SAR-Verfahren.html
[Aufgerufen am: 04.01.2017]
ITWissen.info: Sensor.
URL: http://www.itwissen.info/definition/lexikon/Sensor-sensor.html
[Aufgerufen am: 04.01.2017]
Karrasch, Günter: Messsysteme und Sensorik. Lerneinheit 1. Fachhochschule Südwestfalen, Hagen, 2007.
Kleinert, Jan (2014): Besonderheiten beim Programmieren für den Raspberry Pi. Rezepte für die Beere. LINUX Magazin, Juni 2014.
URL: http://www.linux-magazin.de/Ausgaben/2014/06/Raspberry-Pi
[Aufgerufen am: 04.01.2017]
Kugelstadt, Thomas (2009): Digital interfaces (con't) -- The SPI Bus.
URL: http://www.embedded.com/print/4010392
[Aufgerufen am: 04.01.2017]
Microchip Technology Inc.: MCP3004/3008. Datenblatt Microchip.
URL: http://ww1.microchip.com/downloads/en/DeviceDoc/21295C.pdf
[Aufgerufen am: 04.01.2017]
mikrocontroller.net: Modellbauservo Ansteuerung.
URL: http://www.mikrocontroller.net/articles/Modellbauservo_Ansteuerung
[Aufgerufen am: 04.01.2017]

NXP B.V.: KTY81 series. Datenblatt KTY/222.
URL: https://www.nxp.com/documents/data_sheet/KTY81_SER.pdf
[Aufgerufen am: 04.01.2017]
O.A.: Datenblatt SG90 Servomotor.
URL: http://www.micropik.com/PDF/SG90Servo.pdf
[Aufgerufen am: 04.01.2017]
Ortmeyer, Cliff (2014): Then and Now. A Brief History of Single Board Computers.
URL: http://www.newark.com/wcsstore/ExtendedSitesCatalogAssetStore/cms/asset/pdf/
americas/common/NE14-ElectronicDesignUncovered-Dec14.pdf
[Aufgerufen am: 04.01.2017]
Raspberry Pi Foundation: Raspbian.
URL: https://www.raspberrypi.org/downloads/raspbian/
[Aufgerufen am: 04.01.2017]
Raspberry Pi Foundation: Setup.
URL: https://www.raspberrypi.org/documentation/setup/
[Aufgerufen am: 04.01.2017]
Savage, Robert: Index.
URL: http://pi4j.com/index.html
[Aufgerufen am: 04.01.2017]
Savage, Robert: Pi4J Installation.
URL: http://pi4j.com/install.html
[Aufgerufen am: 04.01.2017]
Trier, Matthias (2011): Mess- und Regeltechnik.
URL: http://www.matthias-trier.de/EUFH_MSR_Vertriebsing_Grundlagen_1_4_010311.pdf
[Aufgerufen am: 04.01.2017]
Zinke, Joachim: Abtastung und Quantisierung von Signalen.
URL: http://www.iem.thm.de/telekom-labor/zinke/fourier/dipl_htm/dpl07.htm
[Aufgerufen am: 04.01.2017]

A Anhang

A.1 Experimentierplatine

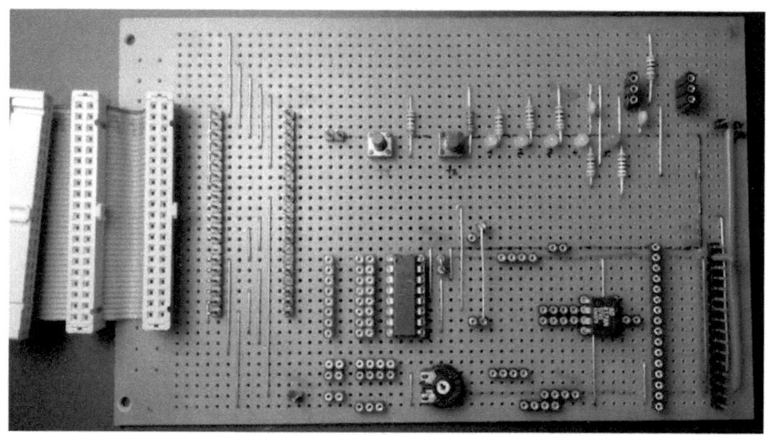

Abbildung A.1: Experimentierplatine mit Flachbandanschluss

A.2 Schaltplan

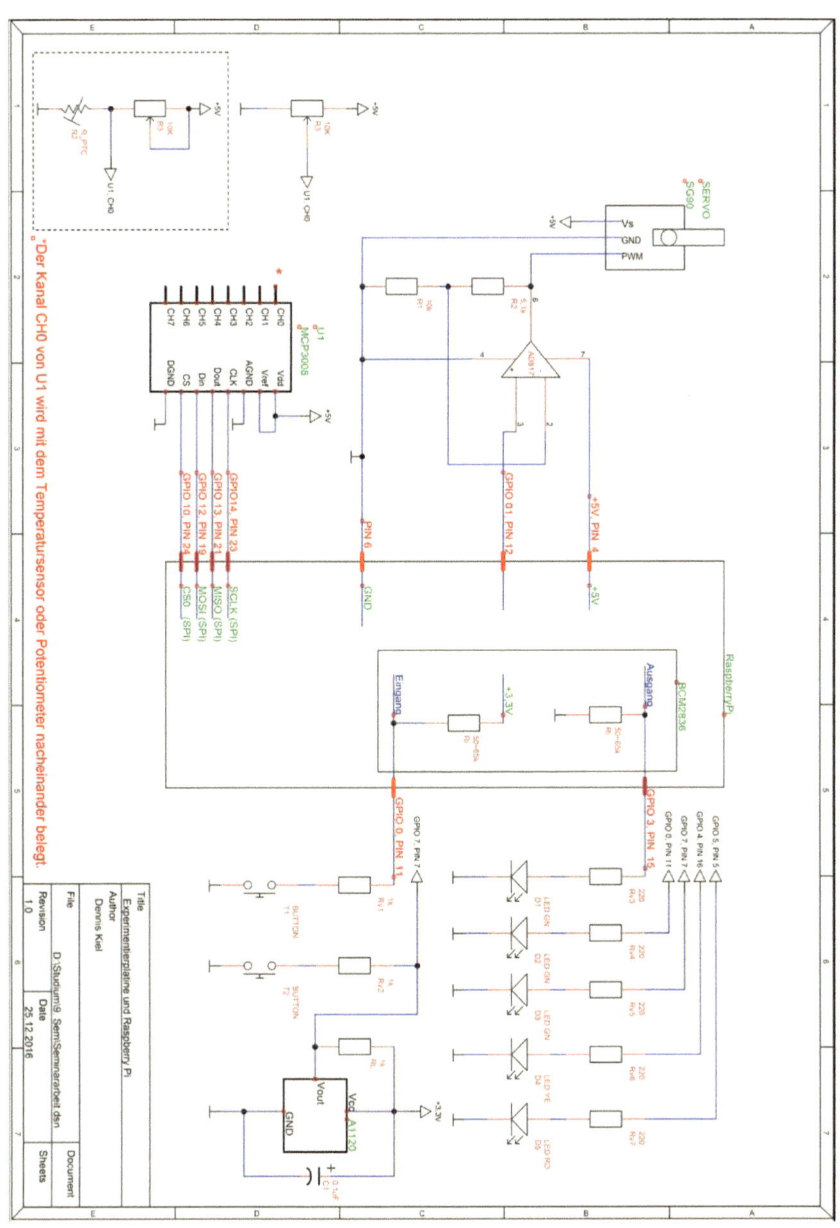

B Anhang

B.1 Quelltext – Testprogramm „FileRW"

```java
1           import java.io.*;
2
3  /**
4  * Das Programm FileRW schaltet den GPIO23 Pin für 10 Mal ein und aus in 0,5
Sekundentakt.
5  * Bei jedem Start wird entweder exportiert oder re-exportiert.
6  * Ein Beispiel für die GPIO Steuerung mit Linux sysfs
7  *
8  */
9       public class FileRW
10      {
11          private static FileWriter ausgabe;
12          private static File verz;
13
14 public static void main(String[] args) throws IOException, InterruptedException {
15
16
17          verz = new File("/sys/class/gpio/");
18          int i = 0;
19          String[] a = verz.list();
20
21
22          if (a.length != 3){
23          ausgabe = new FileWriter("/sys/class/gpio/unexport");
24          ausgabe.write("23");
25          ausgabe.close();
26          }
27          else{
28              ausgabe = new FileWriter("/sys/class/gpio/export");
29              ausgabe.write("23");
30              ausgabe.close();
31              ausgabe = new FileWriter("/sys/class/gpio/gpio23/direction");
32              ausgabe.write("out");
33              ausgabe.close();
34
35              while (i<10){
36              ausgabe = new FileWriter("/sys/class/gpio/gpio23/value");
37              ausgabe.write("1");
38              ausgabe.close();
39              Thread.sleep(500);
40              ausgabe = new FileWriter("/sys/class/gpio/gpio23/value");
41              ausgabe.write("0");
42              ausgabe.close();
43              Thread.sleep(500);
44              i++;
45              }
46          }
47          String[] b = verz.list();
48          for (i=1; i<b.length; i++){
49              System.out.println(b[i]);
50              }
51      }
52      }
53
```

B.2 Quelltext – Treiberklasse „MCP3008"

```java
1       package test;
2       import com.pi4j.wiringpi.Spi;
3       /**
4        * Treiberklasse für MCP3008
5        * @author Wolfgang Höfer
6        * @angepasst durch Dennis Kiel
7        */
8       public class MCP3008
9       {
10          public static final int CS0 = 0;
11          public static final int CS1 = 1;
12          public static final int CLOCK1M = 1000000;
13          private int cs = 0;
14
15          /**
16           * MCP3008 Constructor
17           *
18           * @param cs Chip Select kann 0 oder 1 sein
19           * @param clock Busfrequenz in Hz
20           */
21          public MCP3008(int cs, int clock)
22          {
23              this.cs = cs;
24              if (Spi.wiringPiSPISetup(cs, clock) <= -1) {
25      System.out.println("Fehler: SPI-Bus konnte nicht initialisiert werden!");
26              }
27          }
28          /**
29           * Method readChannel<br>
30           *
31           * Liest den gewandelten Wert von Kanal 0 bis 7.
32           *
33           * @param channel 0 bis 7 für Kanal 0 bis 7
34           * @return Gewandelte Wert
35           */
36          public int readChannel(int channel){
37              byte[] command = new byte[3];
38              int value;
39
40              command[0] = (byte) 0b0000_0001; //Startbit
41              command[1] = (byte)(8 + channel << 4);
42              command[2] = (byte) 0b0000_0000; //Wird nur für die Rückgabewerte
benötigt
43              Spi.wiringPiSPIDataRW(0, command, 3);
44              int intMSB = (command[1] & 0x03) << 8;
45              int intLSB = command[2] & 0xff;
46              value =    (intMSB + intLSB) & 0x3ff;
47              return value;
48
49          }
50
51          public double readChannelInVolt(int channel){
52              double u = readChannel(channel);
53              return (5.0d * u) / 1024.0d;
54          }
55      }
```

B.3 Quelltext – Testprogramm „Poti"

```java
1       package test;
2
```

```
3          /**
4           * Testprogramm für Drehpoti
5           */
6          public class Poti
7          {
8
9              public static void main(String[] args) throws InterruptedException {
10                 MCP3008 mcp = new MCP3008(MCP3008.CS0, MCP3008.CLOCK1M);
11                 int int0 = 0;
12                 while(true){
13                     Thread.sleep(500);
14                     int0 = mcp.readChannel(0);
15      System.out.printf("%1$4.2f kOhm Digits: %2$s %n",int0/1024.0*10,int0);
16                 }
17
18             }
19
20         }
```

B.4 Quelltext – Testprogramm „Temperatur"

```
1          package test;
2
3          /**
4           * Testprogramm für Temperatursensor
5           */
6          public class Temperatur
7          {
8              public static void main(String[] args) throws InterruptedException {
9                  MCP3008 mcp = new MCP3008(MCP3008.CS0, MCP3008.CLOCK1M);
10                 while(true){
11                     Thread.sleep(500);
12                     int dig = mcp.readChannel(0);
13                     double u = dig*(5.0/1024.0);
14                     double t =    (u/0.005932)-265;
15      System.out.printf("Temperatur: %1$4.2f °C %2$s digits %3$4.4f V %n",t, dig,u);
16                 }
17
18             }
19         }
```

B.5 Quelltext – Testprogramm „Taster"

```
1      package test;
2
3      import com.pi4j.io.gpio.*;
4      import com.pi4j.io.gpio.event.GpioPinDigitalStateChangeEvent;
5      import com.pi4j.io.gpio.event.GpioPinListenerDigital;
```

```
6
7     /**
8      *
9      * Testprogramm für Taster
10     *
11     *
12     */
13    public class Taster {
14
15        public static void main(String args[]) throws InterruptedException {
16            System.out.println("<--Pi4J--> GPIO Listen Example ... started.");
17
18            // create gpio controller
19            final GpioController gpio = GpioFactory.getInstance();
20
21// provision gpio pin #0 as an input pin with its internal pull down resistor
enabled
22            final GpioPinDigitalInput myButton =
gpio.provisionDigitalInputPin(RaspiPin.GPIO_07, PinPullResistance.PULL_UP);
23
24            // set shutdown state for this input pin
25            myButton.setShutdownOptions(true);
26
27            // create and register gpio pin listener
28            myButton.addListener(new GpioPinListenerDigital() {
29            @Override
30public void handleGpioPinDigitalStateChangeEvent(GpioPinDigitalStateChangeEvent
event) {
31            // display pin state on console
32            System.out.println(" --> GPIO PIN STATE CHANGE: " + event.getPin()
            " = " + event.getState());
33            }
34            });
35
36            System.out.println(" Zustand vom Taster wird hier dargestellt:");
37
38            // keep program running until user aborts (CTRL-C)
39            while(true) {
40            Thread.sleep(500);
41            }
42
43        // stop all GPIO activity/threads by shutting down the GPIO controller
44        // (this method will forcefully shutdown all GPIO monitoring threads and
                scheduled tasks)
45            gpio.shutdown();
46        }
47    }
48
```

B.6 Quelltext – Testprogramm „Magnetschalter"

```
1        package test;
2
3        import com.pi4j.io.gpio.*;
4        import com.pi4j.io.gpio.event.GpioPinDigitalStateChangeEvent;
5        import com.pi4j.io.gpio.event.GpioPinListenerDigital;
6
7        /**
8         *
9         * Testprogramm für Magnetschalter
10        *
```

```java
11          *
12          */
13         public class Magnetschalter {
14
15             public static void main(String args[]) throws InterruptedException {
16                 System.out.println("<--Pi4J--> GPIO Listen Example ... started.");
17
18                 // create gpio controller
19                 final GpioController gpio = GpioFactory.getInstance();
20
21                 // provision gpio pin #0 as an input pin with its
internal pull down resistor enabled
22                 final GpioPinDigitalInput myButton =
gpio.provisionDigitalInputPin(RaspiPin.GPIO_07, PinPullResistance.PULL_DOWN);
23
24                 // set shutdown state for this input pin
25                 myButton.setShutdownOptions(true);
26
27                 // create and register gpio pin listener
28                 myButton.addListener(new GpioPinListenerDigital() {
29                     @Override
30                     public void
handleGpioPinDigitalStateChangeEvent(GpioPinDigitalStateChangeEvent event)
{
31                         // display pin state on console
32                         System.out.println(" --> GPIO PIN STATE CHANGE: " +
event.getPin() +
" = " + event.getState());
33                     }
34                 });
35
36                 System.out.println(" Zustand vom Schalter wird hier
dargestellt:");
37
38                 // keep program running until user aborts (CTRL-C)
39                 while(true) {
40                     Thread.sleep(500);
41                 }
42
43                 // stop all GPIO activity/threads by shutting down the GPIO
controller
44                 // (this method will forcefully shutdown all GPIO
monitoring threads and scheduled tasks)
45                 gpio.shutdown();
46             }
47     }
```

B.7 Quelltext – Testprogramm „LED"

```java
1          package test;
2
3          import com.pi4j.io.gpio.GpioController;
4          import com.pi4j.io.gpio.GpioFactory;
5          import com.pi4j.io.gpio.GpioPinDigitalOutput;
6          import com.pi4j.io.gpio.RaspiPin;
7
8          /**
9           * Testprogramm für LED
10          */
11
12         public class LED {
```

```java
13
14            public static void main(String[] args) throws InterruptedException {
15
16                System.out.println("LED Blinkprogramm ist gestartet.");
17
18                // create gpio controller
19                final GpioController gpio = GpioFactory.getInstance();
20
21                // provision gpio pin #16 as an output pin
22                final GpioPinDigitalOutput led =
gpio.provisionDigitalOutputPin(RaspiPin.GPIO_04);
23
24                // continuously blink the led every 1/2 second for 10 seconds
25                led.blink(500, 10000);
26
27                System.out.println(" ... the LED will blinking for 10
seconds or until the program will be terminated.");
28                System.out.println(" PRESS <CTRL-C> TO STOP THE PROGRAM.");
29
30                // keep program running until user aborts (CTRL-C)
31                while(true) {
32                    Thread.sleep(500);
33                }
34            }
35        }
```

B.8 Quelltext – Testprogramm „pwm" für Servomotor

```java
1      package test;
2
3      import com.pi4j.io.gpio.*;
4      import com.pi4j.util.Console;
5
6      /**
7       * Testprogramm für Servomotor
8       *
9       */
10     public class pwm {
11
12     public static void main(String[] args) throws InterruptedException {
13
14            // create Pi4J console wrapper/helper
15            // (This is a utility class to abstract some of the boilerplate code)
16            final Console terminal = new Console();
```

```java
17
18            // print program title/header
19            terminal.title("<-- The Pi4J Project -->", "PWM Example");
20
21            // allow for user to exit program using CTRL-C
22            terminal.promptForExit();
23
24            // create GPIO controller instance
25            GpioController gpio = GpioFactory.getInstance();
26
27            // All Raspberry Pi models support a hardware PWM pin on GPIO_01.
28            // Raspberry Pi models A+, B+, 2B, 3B also support hardware PWM pins:
                 GPIO_23, GPIO_24, GPIO_26
29            //
30            // by default will be used the gpio pin #01
31
32            GpioPinPwmOutput pwm = gpio.provisionPwmOutputPin(RaspiPin.GPIO_01);
33
34            // you can optionally use these wiringPi methods to further customize
the
              PWM generator
35            // see: http://wiringpi.com/reference/raspberry-pi-specifics/
36            com.pi4j.wiringpi.Gpio.pwmSetMode(com.pi4j.wiringpi.Gpio.PWM_MODE_MS);
37            com.pi4j.wiringpi.Gpio.pwmSetRange(1000);
38            com.pi4j.wiringpi.Gpio.pwmSetClock(400);
39
40            // set the PWM rate
41            pwm.setPwm(100);
42            terminal.println("PWM rate is: " + pwm.getPwm());
43
44            while(true) {
45            Thread.sleep(500);
46                }
47            }
48    }
```

BEI GRIN MACHT SICH IHR WISSEN BEZAHLT

- Wir veröffentlichen Ihre Hausarbeit,
  Bachelor- und Masterarbeit

- Ihr eigenes eBook und Buch -
  weltweit in allen wichtigen Shops

- Verdienen Sie an jedem Verkauf

Jetzt bei www.GRIN.com hochladen
und kostenlos publizieren